科普图鉴系列

大熊猫

高　雪◎主编

吉林科学技术出版社

以自然为鉴

文友戴荣里先生受本书的策划编辑端金香之托，希望我为本书写些文字。当时，我的心里既有惊喜，又有些顾虑，为什么是我？大约是与我长期在国内野生大熊猫种群密度最大，野外遇见率最高的秦岭腹地工作有关。我每次在竹林中偶遇大熊猫时，总是舍不得眨眼，舍不得挪步，直至它消失在竹林深处，才回过神，随后再将此情此景还原成文字，希望通过报刊、图书呈现给其他民众。

初读本书时，我便觉耳目一新，甚觉爱不释手，如走进大熊猫的世界——“活化石”的前世今生，大熊猫的形态特征、生活习性等，被全方位地呈现在读者的面前。

大熊猫是一个不可替代的特殊物种，每个第一眼看到它的人，都无一例外地被它的可爱长相迷住。阅读本书，会让读者对大熊猫这个物种产生由表及里的认识。读者可以通过本书，品懂书中主角——大熊猫为生存而展现的顽强品质和适应能力，以及所发生的改变，进而被它彻底征服。

相信读过本书后，不仅能让读者认识大熊猫的外观，更能解释大熊猫为何会成为“国宝”，并从这个古老的物种身上体会生活与生存、学习与学会、适应与适合、进化与演化、智慧与智选的妙趣。

在我看来，本书既有科普性，又有趣味性。全书图片精美、语言生动、内容知识深入浅出。在这本难得的科普读物中，作者没有进行生硬的说教，而是用浅显易懂的语言来描述科学知识。当下，危机与挑战并存、内卷与演化兼蓄，本书以简驭繁，将孩子从简单且重复的作业中“解救”出来，让家长督促到“崩溃”的情绪得到缓解，显得别开生面。

需要说明的是，书中涉及的大熊猫均为人工圈养。如果需要认识和评价某一个物种，最好是将目光和思考投向其野生种群。大熊猫这个物种的定名时间并不算长，并且数量稀少，其野外种群分布在四川、陕西、甘肃三省的部分高山密林。由于它的嗅觉和听觉十分敏锐，毛色具备保护功能，爬树、涉水、登山如履平地，所以，即便是以大熊猫为主要保护对象的自然保护区内，有的职工没有见过野生大熊猫也并不稀奇。野生的成年大熊猫具有较强的防御能力，在野外几乎没有天敌。

本书适合作为中小学生自然教育的辅助读本，可成为瞭望大自然的铺垫读物。在此，我与小读者共同勉励：亮不过的朝阳，暗不过黄昏，火光与灯光一齐闪亮也亮不过理想！愿小读者通过阅读本书，而悟出哪一束光属于自己。

细读本书，深感作者倡导人与自然和谐共处的理念，同时我也体会到保护生态环境就是保护自然价值和增值自然资本的真谛。作者的心血积累和良苦用心是高尚的情操，亦是美的境界。努力读懂自然智慧，大约就是本书之鉴吧！

——曹庆

正高级工程师

中国作家协会会员

中国科普作家协会会员

梁希科普奖获得者

陕西省林草科技特派员

目录

一、有关大熊猫的知识你知道多少

大熊猫是中国特有的动物，也是国家一级重点保护野生动物，有“国宝”的美称。

大熊猫身高120~180厘米，体重50~130公斤（1公斤=1千克），人工饲养的大熊猫能更重。

大熊猫身材圆滚滚的，全身黑白相间，它的四肢、肩部、眼睛周围、鼻端和耳朵是黑色的，其他部分是白色的。

追溯历史，会发现大熊猫名字的由来也十分有趣。很久以前，大熊猫在很多地方都生存过，当地人给它们取了很多名字，比如竹熊、花熊、白熊、食铁兽等。

直到1869年，法国传教士阿尔芒·戴维发现了大熊猫，认为大熊猫是一种新的珍稀物种，给它取名为“黑白熊”。1870年，法国自然历史博物馆工作人员对大熊猫进行研究，他觉得“黑白熊”和小熊猫虽然体形差异很大，但是有很多相似的地方，所以取名为黑白相间的猫熊，经过分类学家的研究，确定取名为黑白相间的猫熊。

1944年，重庆自然博物馆首次展示大熊猫标本，展示牌上分别用中英文书写了“猫熊”，上排为从左至右的外文，下排的中文为了与外文格式保持一致，便从左至右写了“猫熊”，但是由于当时中文的阅读习惯是从右至左的，所以游客就将“猫熊”读作“熊猫”。从此，“大熊猫”这个名字就约定俗成了。

二、大熊猫的生活环境及分布

大熊猫的中国栖息地

大部分的大熊猫都生活在中国四川省、甘肃省和陕西省的六大山系的深林中，海拔 1300~3500 米。那里雨水充沛、竹林茂密、温度适宜、环境安静，满足了大熊猫的生存条件，是大熊猫满意的栖息地。

熊猫小知识

大熊猫虽然独居，但并不孤独，它有很多珍贵的邻居朋友。川金丝猴、小熊猫、斑羚等都是大熊猫和睦的友邻。不过，有些动物邻居会和大熊猫抢食物、破坏乔木，是大熊猫的竞争对手，比如野猪、羚牛等。还有一些食肉动物，是大熊猫需要提防的邻居。

旅居海外的大熊猫

大熊猫憨态可掬的形象与我国和平、包容的特质相得益彰，是我国有力的“代言人”。除了生活在中国的大熊猫，还有一些大熊猫作为友好使者，正旅居国外，截止到2023年12月，有50多只大熊猫在国外生活。

◎日本，居住了9只大熊猫，仙女、比力、晓晓、蕾蕾、旦旦、良滨、结滨、彩滨和枫滨。

◎美国，居住了4只大熊猫，伦伦、洋洋、雅伦和喜伦。

◎法国，居住了4只大熊猫，欢欢、园子、欢黎黎和圆嘟嘟。

◎德国，居住了2只大熊猫，娇庆和梦梦。

◎荷兰，居住了2只大熊猫，武雯和星雅。

◎韩国，居住了5只大熊猫，乐宝、爱宝、福宝、睿宝和灰宝。

◎芬兰，居住了2只大熊猫，华豹和金幼崽。

◎丹麦，居住了2只大熊猫，星二和毛笋。

◎新加坡，居住了3只大熊猫，武杰、嘉嘉和叻叻。

◎比利时，居住了5只大熊猫，好好、星徽、天宝、宝弟和宝妹。

◎西班牙，居住了5只大熊猫，冰星、花嘴巴、竹莉娜、久久和友友。

◎奥地利，居住了2只大熊猫，园园和阳阳。

◎俄罗斯，居住了3只大熊猫，如意、丁丁和喀秋莎。

◎卡塔尔，居住了2只大熊猫，京京和四海。

◎马来西亚，居住了2只大熊猫，福娃和凤仪。

◎澳大利亚，居住了2只大熊猫，网网和福妮。

◎印度尼西亚，居住了2只大熊猫，湖春和彩陶。

……

值得一提的是，墨西哥的欣欣大熊猫是唯一一只“外国籍”的大熊猫，它的爷爷“迎迎”和奶奶“贝贝”是1975年中国赠送给墨西哥的。

天真可爱的大熊猫向世界传递着独属于中国的友好与善意，为世界的和平搭建了一条美好的桥梁。

三、大熊猫的起源和物种

大熊猫是非常古老的物种，它们在地球上已经生活800万年了，早在人类祖先诞生前，大熊猫的祖先——始熊猫，就已经生存数百万年了，被誉为“活化石”。

始熊猫，是现生种大熊猫的祖先，它们的体形不大，大约只有现在大熊猫的1/3，以肉食为主，但有时也会吃竹子。它们的门牙和爪子很锋利，能够轻松撕碎食物。

随着时间的推移，始熊猫逐渐进化为小种大熊猫，小种大熊猫的体形比始熊猫大一些，大概是现在大熊猫的1/2，这时，小种大熊猫已经变为杂食性动物，充足的食物和舒适的气候使它们进化得越来越大，最后演化成巴氏大熊猫。

巴氏大熊猫的体形大，比现在的大熊猫还要大1/9。此时，是大熊猫发展的鼎盛时期，在我国长江和黄河流域，甚至是北方的中原地区都有了巴氏大熊猫的踪迹。突然冰川期来袭，寒冷的气候造成许多巴氏大熊猫死亡，不过，它们很快适应了气候变化，隐居到气候适宜的秦岭、岷山和凉山等地区的森林中，继续努力生活着，慢慢进化着，成为现在我们看到的大熊猫。

在我国，目前大熊猫有两个亚种，即四川亚种和秦岭亚种。其中，秦岭亚种分布在秦岭山系，就是人们常说的“秦岭大熊猫”；四川亚种为指名亚种，分布于甘肃省和四川省的岷山等地。

五大山系。四川大熊猫，头部更大、牙齿小、胸部是深黑色，腹部是白色，下腹毛尖是黑色，毛干为白色，长得更像熊；秦岭大熊猫，头部更圆，牙齿大，胸部为深棕色，腹部为棕色，下腹毛尖为黑色，毛干为白色，长得更像猫。

另外，在秦岭还生活着一只特殊的棕色毛发大熊猫“七仔”，它是世界上唯一一只被饲养的棕色大熊猫，也是第七只科学记载的棕色大熊猫。需要说明的是，棕色大熊猫不是新种，而是基因突变导致的毛色变异。陕西佛坪国家级自然保护区还馆藏有一件棕色大熊猫标本。

你来问，我来答
Q 除了黑白色和棕色的大熊猫，还有其他颜色的大熊猫吗？
A 有的，四川卧龙国家级自然保护区红外相机曾拍到过一只白色大熊猫，它浑身雪白、体形与其他大熊猫无异。

熊猫小知识

据专家所言，依据研究结果，发生白化的动物普遍都会伴有因基因缺陷导致的疾病。但目前并没有发现这只白色大熊猫患有明显的疾病问题。

四、大熊猫的饮食习惯

大熊猫吃竹子

要说大熊猫最爱吃什么，那一定是竹子了，在它们的饮食中基本上 99% 都来源于竹子。但是，大熊猫也会“挑食”，它们会选择更好吃的、营养更加丰富的竹子来吃，这样就可以保证获得更多的能量了。

大熊猫可食用的竹类品种也很多，高达 60 多种，如巴山木竹、少花箭竹、油竹子、短锥玉山竹等。这些竹子大多数都生长在海拔 700 ~ 3500 米的山地暗针叶林、亚高山暗针叶林、山地针阔叶混交林以及山地常绿阔叶林上。

不同地区的大熊猫，经常吃的竹子也不同。秦岭的大熊猫，常吃巴山木竹和秦岭箭竹等；邛崃山的大熊猫，常吃冷箭竹等；大小凉山的大熊猫，常吃八月竹等。

除此之外，大熊猫还会根据季节的变化选择竹子的不同部位作为主要食物。

每年的春天，正是低海拔竹笋生长的时期。刚长出来的竹笋，又鲜又嫩，是大熊猫的最爱。每次吃竹笋，大熊猫都会将外面的笋衣拨开，吃里面嫩嫩的笋芯。竹笋的水分很多，每吃一口，清甜的竹笋汁水都会在大熊猫的嘴中爆开，让它们爱不释手。

到了夏天，当山低处的竹笋慢慢长成竹子时，山高处的竹笋正是好吃的时候，这时，大熊猫就会转移用餐地点，跑到山高处继续找竹笋吃。

你来问，我来答

Q 为什么大熊猫最喜欢吃竹笋呢？

A 这是因为，竹笋的营养价值高，所含的能量也很高，纤维更少，好吸收、易消化，最重要的是竹笋鲜嫩多汁，所以大熊猫最爱吃竹笋了。

在秋天，嫩嫩的竹叶成为了主角。这个时期的竹叶是一年中蛋白质含量最高的，高达 17.5%，并且它的营养价值比竹子的其他部位都高，所以，这时候的大熊猫会以竹叶作为主食，每天都会吃进 10~14 公斤的竹叶。

但是，当秋霜来临后，竹叶会逐渐变得枯黄。残存的老叶不仅难吃，而且营养价值也大打折扣，所以大熊猫就会放弃吃竹叶。不过，有一些年迈的大熊猫，它们的牙齿因为老化，无法咬断竹竿，所以只能吃一些枯萎的竹叶来填饱肚子。

当寒冷的冬天来临时，大多数的大熊猫会以竹竿为食。竹竿是大熊猫常吃的食物，即使是吃竹笋的季节，它们也会少量吃一些竹竿。这是因为竹竿中含有丰富的碳水化合物和粗纤维，可以帮助大熊猫改善肠道功能。但是，竹竿中的蛋白质含量较少，营养成分低，所以大熊猫不是很喜欢吃竹竿。对于竹竿，大熊猫一天要吃 12~18 公斤才足够，比竹叶多一些。

大熊猫吃竹子也是有技巧的。在吃饭之前，它们会挑选好要吃的竹子，然后，找一个舒适的位置，一屁股坐下，再认真地观察竹子的长短，调整好姿势后，便手脚并用将竹子握住。

吃竹子时，大熊猫也是有顺序的。首先，它们会像人类吃羊肉串一样，将上面的叶子撸下来吃掉，如果竹叶不新鲜、不好吃了，就会直接丢掉。之后，大熊猫会用坚硬的牙齿将竹子咬断，分成几个小节。最后，到了关键一步，那就是剥竹皮。将竹皮剥完后，大熊猫就可以慢慢吃竹子了。

这种方法叫作“咬切式”，可以有效地避免大熊猫吃竹子扎嘴的情况，很好地保护了大熊猫的口腔。

除了“咬切式”，大熊猫还会根据食物的种类切换吃东西的方式。比如大熊猫喝水或食用液体食物时，它们会像小宝宝吸奶一样吸食，这样的方式叫作“吭吸式”。

当大熊猫在吃硬度低的食物时，会直接用门牙将食物啃下来，然后用牙齿慢慢咀嚼，这样的方式叫作“啃咬式”。

五、大熊猫是杂食性动物

大熊猫是食性高度物化的大型兽类，但它却属于杂食性动物，也会吃一些除了竹子以外的其他食物，比如说苹果、胡萝卜、玉米、南瓜等。除此之外，野生大熊猫还会吃一些肉，比如捡一些小动物的尸体或捕捉竹鼠来吃。

六、大熊猫饭量大

现在的大熊猫虽然是以竹子为主要食物来源，但它却保留着食肉动物的消化系统，它们的肠道很短，无法像其他食草动物一样充分吸收植物的热量，只能吸收竹子中的少量热量，而大部分的竹子被消化完后，会被直接排出体外，不能给大熊猫提供任何能量，如此一来，竹子在大熊猫体内的转化率就会很低，大约只有 17%。并且大熊猫身体庞大，即使什么都不做，只睡觉也需要消耗很多热量，所以大熊猫需要吃很多食物才能维持身体的热量需求，基本上一天就要吃十几公斤的竹子。

有趣的是，贪吃的大熊猫为了能够更方便地吃竹子，还专门进化出了“第六指”。大熊猫的 5 根手指是并排在一起的，不能进行对握，所以也就无法完成拿竹子的动作，于是，聪明的大熊猫就进化出了和我们大拇指功能一样的“伪拇指”。

为什么叫“伪拇指”呢？这是因为“伪拇指”并不是真正的手指，而是膨大的腕部籽骨，它没有指甲、没有关节，不能像正常的手指一样活动，只能作为一个拿物品时的支点，为大熊猫提供有效的抓握力。有了这根“拇指”，大熊猫吃起竹子来可就方便极了。

七、大熊猫的生活规律

大熊猫爱睡觉

大熊猫每天除去吃饭的时间，剩余的大部分时间都会在睡梦中度过。在野外，大熊猫每次吃饱了之后，都会找一个舒服的地方休息几个小时。有时困意来袭，即使在吃饭的时候，也有可能睡着。

为了可以美美地睡上一觉，大熊猫创造了许多千奇百怪的睡觉姿势，比如四脚朝天平躺着睡、紧贴地面趴着睡等。其中，缩成一团、侧躺、仰卧、俯卧是它们最喜欢的姿势。快来看看大熊猫优美的睡姿吧！

大熊猫非常懒，它们不喜欢跑来跑去，就喜欢睡觉，它们的睡觉时间很长，一天可以睡 10 个小时左右。

为什么大熊猫这么喜欢睡觉呢？其实，除了因为吃饱了犯困这个原因外，还有一个原因，那就是大熊猫从竹子中获取的能量比较少，只能通过“不动”的方式来降低自身能量的消耗，所以它们总是睡懒觉。

不睡觉的时候，它们也会减少运动，遇到不得不动的情况，它们通常会选择在平坦的道路上慢慢移动，累了就停下来休息一会儿，吃点儿竹子，再继续出发。大熊猫每天的运动距离只有 300~500 米，是个名副其实的“大懒熊”。不过，这也是大熊猫一种独特、聪明的生存策略。

虽然大熊猫好像随时随地都能睡觉一样，从不挑剔睡觉的地点。但事实上，大熊猫对于睡觉地点的选择，还是有一定的要求。第一，睡觉地点要十分安全，让大熊猫可以安心入睡，比如树上、洞穴等地方。

第二，要在水源和食物的附近，方便它们睡醒后再次进食。对于弱小的大熊猫幼崽来说，躲避危险是非常重要的，这时大熊猫妈妈通常会选择带大熊猫幼崽一起到一个安全的树洞里休息，等大熊猫幼崽长大一点儿后，它们就会自己爬到树上去休息。

你来问，我来答

Q 为什么大熊猫的四肢又粗又壮呢？

A 这是因为，只有强壮的四肢才能帮助大熊猫快速爬到树上，躲避危险。

你来问，我来答

Q 大熊猫的粪便有味道吗？

A 有的，但是不臭，新鲜的大熊猫粪便会有一股竹子的清香味。

大熊猫的日常生活就是吃饱了睡，睡饱了吃。成年大熊猫会更加明显，因为大熊猫幼崽的精力比较充沛，睡觉的时间较少一点儿，比起睡觉它们更喜欢玩耍。但是，由于自身的能量不足，哪怕再想玩，也只能乖乖睡觉。

充足的睡眠可以帮助大熊猫有效地保存体力。

为什么大熊猫天天睡觉还有两个大大的黑眼圈呢？其实，大家都误会了，大熊猫的黑眼圈并不是因为缺觉造成的，而是它们经过数百万年进化得来的。可不要小瞧这两个黑眼圈，它们的作用可是非常大。

大熊猫的眼睛很小，几乎都是黑色的。我们都知道，黑色的东西会吸收更多的紫外线，所以大熊猫的小眼睛对紫外线很敏感。这时，这两个大大的黑眼圈就发挥了作用，它们增大了眼睛周围黑色的面积，可以有效地吸收多余的紫外线，保护大熊猫的眼睛。

而且，黑眼圈还可以从视觉上放大大熊猫的眼睛，来威慑敌人。不仅如此，这对黑眼圈还是大熊猫的识别工具，就像我们人类的指纹一样，每只大熊猫的黑眼圈都是独一无二的。

熊猫小知识

虽然大熊猫的眼睛看上去很大，但是确实一个名副其实的近视眼。如果按照人类的近视标准来衡量，大熊猫相当于人类 800 度的近视。

大熊猫的迁徙

虽然大熊猫也是熊，但它和其他熊类不同，它们从不冬眠，而是会根据季节进行垂直迁移，也就是在大山里上下搬家。这是因为不同海拔的地区，气候、温度都有差异，竹子的生长节律也不同，所以为了适应季节变化，以及能吃到丰富的竹子，大熊猫才会有选择地进行迁徙。所以，大熊猫是一种非常典型的候兽。不过，与南北迁徙的候鸟不同，大熊猫是垂直迁徙。

熊猫小知识

对于大熊猫来说，除了觅食需要长途跋涉的迁徙外，寻找伴侣也是它们迁徙的原因。

春天，低海拔地区气候温暖，竹笋率先长了出来，所以大熊猫会在低海拔地区活动，吃嫩嫩的竹笋。

夏天，高海拔地区气温凉爽，而且正是嫩竹期，所以大熊猫会在这里避暑、进食。

秋天是竹叶最茂盛的时候，高海拔地区的温度有些冷了，大熊猫会一边吃竹叶，一边向低海拔地区慢慢移动。

到了冬天，大熊猫就会回到温暖的低海拔地区，吃当年长出的竹竿和竹叶过冬了。

八、大熊猫的生存技能

内八字走路

大熊猫习惯迈着标志性的内八字步伐，慢吞吞地走着，形成这种步伐的原因，和大熊猫的骨骼、体形都有关。大熊猫的体形很大，前腿长，后腿短，用内八字走路可以让它的身体重心向前倾，给后腿减轻压力，从而减少体重对大熊猫骨骼的伤害，有利于大熊猫在竹林中奔跑、运动。不仅如此，大熊猫内八字走路姿势还能减少自身能量的消耗，保存体力。

九、强大的咬合力

虽然大熊猫样子可爱，不像其他肉食动物一样凶猛，但是不要以为大熊猫很好欺负。

大熊猫的牙齿非常锋利，并且咬肌也十分发达，可以轻松咬碎坚硬的物品。大熊猫的咬合力高达 1298.9N，与棕熊的咬合力相似，仅比北极熊、狮子、老虎逊色。

你来问，我来答

Q 大熊猫的脾气怎么样?

A 大熊猫平时很温和，不会主动攻击别人，但是成年大熊猫有很强的领地性。虽然大熊猫的脾气温和，但不要忘记它也是一方猛兽，所以不要主动招惹大熊猫。

灵活的身体

虽然大熊猫看起来胖胖的、笨笨的，但它的身体可是非常灵活的。野生大熊猫普遍生活在大山里，那里山路崎岖、山体陡峭，所以爬山就成了它们的生活常态，不论是多么坑坑洼洼的地方，它们都能如履平地，根本不在话下。

虽然我们看到的大熊猫总是在慢吞吞地走路，很少奔跑，但是它们的奔跑能力可是不容小觑的。一旦发生危险，大熊猫会立刻敏捷地奔跑起来，与日常散步的大熊猫样子不同，它们会快速穿梭在竹林中可比我们快得多，虽然没有汽车快，但跑起来也会一眨眼就消失不见了。

熊猫小知识

大熊猫奔跑的速度最高可达到 50 千米 / 小时。

除了奔跑和攀爬外，大熊猫还有一项技能，那就是游泳。虽然在大熊猫的生活环境中，很少有大江大河，通常只有小溪和小河，这项技能不能充分地展示出来，但是也不能被忽略。不过，大熊猫的游泳技能并不是很好，还需要提高。一般它们会选择在浅水区的河流中游泳，但是遇到二三十米宽的湍急河流，大熊猫也可以安全渡过。

夏天，大熊猫会在小溪中洗澡降暑、玩水嬉戏。甚至在冰天雪地的冬天，它们有时也会下水，进行冬泳。

与其他动物一样，大熊猫不喜欢浑身湿湿的，所以，每次游完泳后，它们都会不停地抖动身体，甩掉身上的水分，实在甩不掉的水分，便会等它自然风干。

不仅如此，大熊猫还是一个爬树高手。因为大熊猫没有固定的巢穴，所以为了躲避危险，大熊猫妈妈从小就会锻炼幼崽爬树的本领，让它们掌握躲避天敌的技能。有时雌性大熊猫还会在树上哺乳幼崽，一些贪玩的大熊猫还会爬到树上晒太阳、玩耍，甚至连求偶和交配这样的“熊生大事”偶尔也会在树上进行。

大熊猫的爬树方式独树一帜。在爬树之前，大熊猫会将自己锋利的爪子插进树干里，牢牢地抓住树干，保持身体平衡，一步一步向高处爬去。大熊猫爬树的速度很快，比在地上走路还要快。

虽然大熊猫偶尔也会失误，从树上掉下来，但是它们的骨骼密度很高，不会轻易摔断，而且厚厚的皮毛和脂肪也能够有效地缓冲碰撞，对大熊猫起到保护作用。

十、大熊猫的交流方式

通过气味交流

大熊猫常年独自生活在植被茂密的大山中，很少看见自己的同类，所以，它们会通过标记气味来进行沟通。大熊猫经常会将尿液或肛周腺体分泌物涂抹在地上、柱子上、墙上、树上和它们常待的地方。在标记时，大熊猫会张开嘴巴，摇头晃脑的，有时候会倒立着标记。标记完后，大熊猫还会将周围的树干抓破，留下抓痕，给其他大熊猫留下醒目的痕迹，来引起它们的注意。

这些标记能够传递出大熊猫的性别、年龄、繁殖状态等重要信息，还可以明确表明大熊猫的需求，不仅可以让大熊猫聚在一起，也能让它们互相回避。例如，在求偶期，雌性大熊猫会用气味表达自己的想法，雄性大熊猫闻到后，就会赶去与雌性大熊猫见面。在其他时期，如果大熊猫闻到了其他陌生大熊猫的气味，它们会选择主动离开，避免发生个体间的冲突，共同维护竹林和平。

通过声音交流

除了气味和标记，声音也是大熊猫之间彼此交流的方式。据研究表明，大熊猫拥有自己的语言系统，它们的语言非常丰富，能发出十几种声音，每种声音的音量大小、音调高低都代表了不同的含义。包括哼叫、尖叫、咂嘴等声音。

当雄性大熊猫向其他大熊猫示威时，会发出低沉的嗥叫，体形越大的大熊猫发出的嗥叫越低沉，好像在说“不许和我抢”。在野外，雄性大熊猫也发出尖厉的吠声，听起来让人感到十分恐怖。

当雌性大熊猫生气或受到惊吓时，会发出“汪～汪～”声，类似犬吠，用来增强自己的气势，恐吓对手，好像在说“快走开，我生气了”。

当然了，如果大熊猫不发出任何声音，不要多想，这可能是它们表达友好的一种方式。

一般，在发情期，雄性大熊猫会发出“咩～咩～”声，类似羊叫，而雌性大熊猫会用“叽叽”“喳喳”的鸟叫声呼应雄性大熊猫。

研究表明，大熊猫幼崽在出生之后，不久就可以发出叫声了，只是比较简单，只有“吱～吱～”“哇～哇～”或“咕～咕～”声，这种声音会比较尖锐刺耳，一般表示身体不舒服、想排便或者饥饿等意思，想要吸引大熊猫妈妈的注意，向妈妈求助。

当大熊猫妈妈听到孩子的求助声后也会及时发出声音，安慰自己的孩子，好像在说“别怕，妈妈来了”。随着大熊猫幼崽年龄的增长，它们能发出的声音也越来越多了。在受到惊吓时，它们会发出尖叫声；生气时，会发出怒吼声；感到舒服时，还会发出开心的哼吟声。

你来问，我来答

Q 大熊猫幼崽有什么特别之处?

A 幼崽与成年大熊猫相比个头很小，比较脆弱，需要保护，但声音尖锐洪亮。

十一、大熊猫的繁育与带娃

大熊猫的繁殖与生育

大熊猫一直都坚持“优生优育”，为了避免近亲繁殖，每到交配季节，它们都会跋山涉水去寻找伴侣。通常，5 岁半到 7 岁半的野生大熊猫可以进行交配繁殖。

每年的 3 月至 5 月，是大熊猫的交配期，在这段特殊时期，雌性大熊猫会散发出一种特殊的味道吸引雄性大熊猫，叫声也与平时不一样。

雄性大熊猫闻到这种气味后，便会迅速赶来，想要与雌性大熊猫完成交配。但是，获得雌性大熊猫的青睐并不是一件容易事。当多只雄性大熊猫一起赶来时，它们会进行搏斗，雌性大熊猫则会爬到树上观战，等待决斗结果。

打斗结束后，胜利的雄性大熊猫发出获胜的叫声，向雌性大熊猫表白。

在繁殖期间，雌性大熊猫交配后，肚子内的胚胎不会马上发育，需要经历1.5~4个月（雌性大熊猫认为适合的时间）才会开始发育。就这样，胚胎在雌性大熊猫的肚子里慢慢长大，不过这个时间很短暂，大部分的大熊猫幼崽都属于“早产儿”，它们从发育到出生，只需要1个月左右的时间。

其实，选择“早产”这样的繁衍方式，并不是因为大熊猫妈妈不顾及孩子的健康，而是为了更好地适应自然环境，从而进化出这样的繁衍方式。大自然的生存环境比较恶劣残酷，具有很多不确定的危险，大熊猫妈妈无法确保自己的营养需求得到有效保障。并且，大熊猫主要以竹子为食，但是竹子热量低，能量不够，大熊猫妈妈获得的能量本就不高，那么大熊猫幼崽通过妈妈吸收的能量就更少了。所以，大熊猫幼崽尽快出生才是更加有利的繁殖方式，如此一来，大熊猫妈妈也能在生产后尽快恢复体力，照看幼崽。

你来问，我来答

Q 野外这么危险，为什么大熊猫爸爸不和大熊猫妈妈一起保护幼崽？

A 只有在发情期，雄性大熊猫和雌性大熊猫才会亲密接触，其余时间成年大熊猫是无法长时间共同生活在一片区域内的。

通常大熊猫每胎会生 1~ 2 个幼崽。在野外，危机重重，大熊猫的能力有限，只能养活一只幼崽，如果生了双胞胎，大熊猫妈妈大概率会选择身体更强壮的幼崽抚养，而忽视另外一只。幼崽 1.5 岁以前，大熊猫妈妈都会细心呵护幼崽，在幼崽非常小的时候，甚至会将其叼在嘴里保护，寸步不离。当大熊猫妈妈要进行下次繁殖时，便会驱赶幼崽，让它们独立生活。

大熊猫幼崽的成长历程

刚出生的大熊猫眼睛紧闭着，身体非常瘦小，身长只有10~20 厘米，体重 100~200 克，只有大熊猫妈妈体重的九百分之一，大约 2 个鸡蛋的重量，我们一只手就能把它拿起来。

它们浑身粉粉的，身上还长了稀疏的白色绒毛，像一只刚出生的小老鼠。并且这时的大熊猫幼崽的内脏发育还并不完全，它们甚至不能自己维持体温、自己排便，所以更需要大熊猫妈妈时时刻刻去细心呵护。虽然大熊猫幼崽出生时很小，但它的生长速度可一点儿都不慢。

大熊猫幼崽的成长过程很快，一般半年左右，就可以到处玩耍了。

出生 2 周左右，大熊猫幼崽会长出明显的灰黑色毛发，随着年龄的增长，毛发的颜色也会逐渐变深。

30 天左右时，大熊猫幼崽全身已经黑白分明了。40 天左右时，大熊猫幼崽能张开眼睛了，但是它们还是什么都看不见，因为眼睛上还长着一层虹膜。

3 个月后，它们可以看见东西，长出小牙，学着爬行了。

6 个月后，是大熊猫幼崽最活泼的时候，它们可以断奶、独立吃饭了，也可以和妈妈学习生存本领了。

大熊猫幼崽对周围的一切都充满了好奇。它们非常调皮，一会儿爬树，一会儿奔跑，一会儿又去打滚，只要是醒着，一刻都闲不住。

这个时期的大熊猫幼崽每天除了吃饭、睡觉就是到处玩耍了。当大熊猫幼崽长大后，一般就会离开妈妈，独自生活，去闯荡世界。

十二、大熊猫的危机与保护

大熊猫的危机

大熊猫曾经在长江、黄河、珠江流域都留下过生存的足迹，但是，现在的栖息地只有四川、陕西、甘肃三省的部分地区，大熊猫一度成为濒临灭绝的物种。这是因为，大熊猫的栖息地受到了人类的干扰和自然环境的限制，导致形成破碎化生活区，生态廊道断裂，缺少大面积适宜的活动区域，也间接导致很多大熊猫的种群被迫分割，它们之间无法进行正常的基因交流。再加上大熊猫本身发情难、发情期短，所以才会成为濒危物种。

大熊猫的现状

为了拯救大熊猫，我国采取了一系列的保护措施。自1963年起，我国陆续建立了多个大熊猫自然保护区，有效地保护了野生大熊猫种群及栖息地。

与此同时，我国也开始探索大熊猫人工繁育工程，并取得了很好的成效。全国第四次大熊猫调查结果显示，截至2013年，我国野生大熊猫的数量为1864只，比第三次调查结果增加了268只，并且数量还在稳步增长。到了2016年，自然保护联盟濒危物种红色名录更新，大熊猫的保护级别从“濒危”降到了“易危”。

为了更好地保护、复壮大熊猫种群，野化放归是必经之路。野化放归就是对圈养大熊猫进行野化培训，让它们逐渐适应野外环境，然后放归大自然。野化放归这样的方式，可以增加种群的遗传多样性，壮大大熊猫种群数量。

图书在版编目（CIP）数据

大熊猫 / 高雪主编 . -- 长春 : 吉林科学技术出版社, 2025. 1. -- (科普图鉴系列). -- ISBN 978-7-5744-1552-2

Ⅰ . Q959.838-49

中国国家版本馆 CIP 数据核字第 2024D35E05 号

KEPU TUJIAN XILIE DAXIONGMAO

科普图鉴系列 大熊猫

主　　编　高　雪
出 版 人　宛　霞
责任编辑　宿迪超
助理编辑　郭劲松
封面设计　长春美印图文设计有限公司
制　　版　童悦文化（天津）有限公司
幅面尺寸　260 mm × 250 mm
开　　本　12
印　　张　12
字　　数　120 千字
页　　数　144
印　　数　1 ~ 6000 册
版　　次　2025 年 1 月第 1 版
印　　次　2025 年 1 月第 1 次印刷

出　　版　吉林科学技术出版社
发　　行　吉林科学技术出版社
地　　址　长春净月高新区福祉大路 5788 号出版大厦 A 座
邮　　编　130118
发行部电话 / 传真　0431-81629529　81629530　81629231
81629532　81629533　81629534
储运部电话　0431-86059116
编辑部电话　0431-81629380
印　　刷　长春百花彩印有限公司
书　　号　ISBN 978-7-5744-1552-2
定　　价　49.00 元